海峡出版发行集团 THE STRAITS PUBLISHING & DISTRIBUTING GROUP | 海峡书局

瓯江玉石

丽水市观赏石协会 编 Oujiangyushi

U0125275

海峡出版发行集团
THE STRAITS PUBLISHING & DISTRIBUTING GROUP | 海峡书局

图书在版编目（CIP）数据

瓯江玉石 / 丽水市观赏石协会编. -- 福州 : 海峡书局, 2012.4
ISBN 978-7-80691-757-2

Ⅰ.①瓯… Ⅱ.①丽… Ⅲ.①玉石－鉴赏－丽水市
Ⅳ.①TS933.21

中国版本图书馆CIP数据核字(2012)第060484号

顾　　问：赵碧华
主　　编：周永和
执行主编：叶志军
副 主 编：程永军
编　　委：方建利　施益平
　　　　　舒君伟　金德强
　　　　　谭宣友　周梦良
　　　　　曾长旺
封面题词：赵碧华
摄　　影：赵　琰
责任编辑：陈　聪

瓯江玉石

编　　者：丽水市观赏石协会
出版发行：海峡书局
地　　址：福州市东水路76号出版中心12层
网　　址：www.hcsy.net.cn
邮　　编：350001
印　　刷：福建新华印刷有限责任公司
开　　本：889毫米×1194毫米　1/16
印　　张：9.5
字　　数：图文152码
版　　次：2012年4月第1版
印　　次：2012年4月第1次印刷
书　　号：ISBN 978-7-80691-757-2

定　　价：98.00元

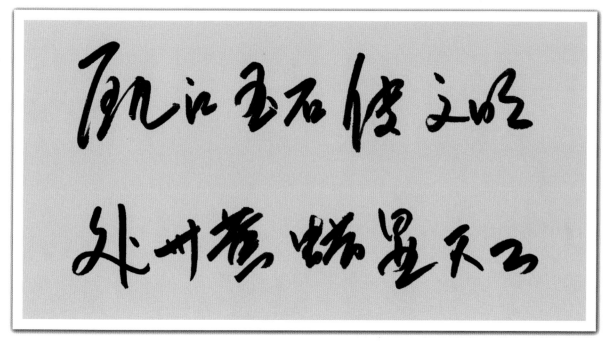

廖思红（丽水市人民政府副市长）

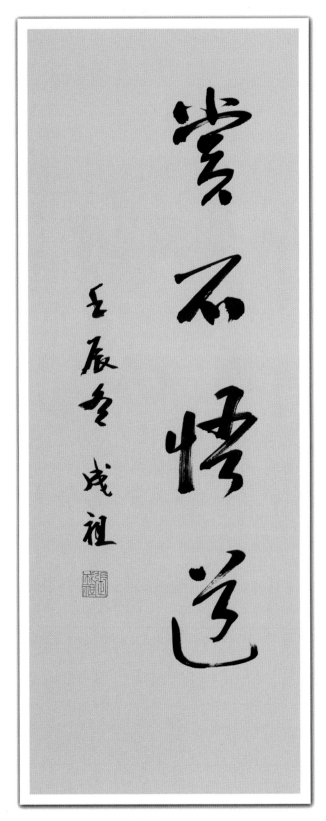

张成祖（原中共丽水市委副书记）

目 录

概述

丽水市位于浙江省西南部、浙闽两省的结合处，辖莲都区、龙泉市及景宁畲族自治县、缙云、青田、遂昌、云和、庆元、松阳七县，为浙江省面积最大而人口最稀少的地区。丽水市古称处州，自隋朝开皇九年（公元589年）建立处州府至今也有1400多年的历史。

秀山丽水，养生福地。丽水自古便有"清纯山水、风雅古朴"之美誉，"奇、峻、清、幽"集于一地，"峰、林、洞、瀑"汇于一域，自然风光美不胜收，人文景观如群星璀璨，交相辉映，是生态旅游休闲度假胜地。森林覆盖率达到79.1%，被誉为"浙南林海"。同时，丽水也是全国最大的畲族聚居地，景宁畲族自治县是全国唯一的畲族自治县，人们可以在这里领略到畲族的传统文化和多彩的服饰、饮食、婚嫁、宗教等习俗风情。

丽水有一条纵贯全境的大河——瓯江。瓯江养育了世世代代的丽水人，是丽水人的母亲河。瓯江两岸群山绵延，群山起伏，山转水转，松涛起伏，绿草茵茵，芦花摇曳，卵石闪金，田园毗邻，炊烟袅袅，景色十分美丽，可与桂林漓江相媲美，有"华东漓江"之称。

瓯江遗世，玉石瑰宝。丽水这一片土地，承载着太多的历史，烙下了人类几千年文明的履痕，也留下了丽水人童年的足迹。瓯江那一片溪流，曾经有宛转婀娜秀美的身段，也有排山倒海、气势磅礴的伟岸。在这漫长的历史长河中，祖先为后代留下了丰富的文化遗

产。其中瓯江奇石、玉石文化是一大亮点。瓯江石的品类较多，质地有火山岩、石英、玛瑙、玉质等，品种有黄蜡石、彩陶质石、锦纹石、卵石等。

本书作品收藏者叶志军

叶志军与玉石雕刻大师郑继鉴赏雕刻作品

其中瓯江黄腊石又因其晶莹剔透、色彩丰富、质地细腻润泽著称。瓯江图纹石质色较佳，纹路细腻流畅，线条曲折多变，形成似雪山初融、瀑流飞挂、山水树木、飞禽走兽等景物图案，妙趣天成，生动传神。造型石以黄蜡石、彩陶质石为主，形态圆润自然、色彩艳丽夺目、造型多端，有似山水、人物、动物等。

近几年来，随着丽水瓯江奇石的知名度越来越大，金华、嵊州等地的石友也纷纷远道来丽水找石、赏石。但石友们基本上都是"各自为战"，鲜有集中交流的机会。为了更好的展

叶志军与玉石雕刻大师林劭川合影

丽水市观赏石协会骨干会员在探讨瓯江玉石发展前景

示丽水人收藏的丽水瓯江奇石、玉石的文化内涵和魅力，以瓯江观赏石收藏展示为载体，促进并提高其在改革开放以来对丽水瓯江文化品位所起得作用，丽水的一班收藏家顺应大势成立丽水市观赏石协会。进一步发掘丽水瓯江玉石文化真正的文化内涵，提高丽水瓯江玉石在全省乃至全国的知名度，加强石友的沟通、交流，为建设生态旅游城市作出贡献。

　　1970年生于丽水城郊农村的叶志军，从小就生活在母亲河大溪边，每天接触最多的就是瓯江水满地都是的瓯江石，长大后渐渐对行业周边一些朋友的把玩物瓯江玉石件产生了浓厚的兴趣，他的第一件藏品是1990年花了300元买的一块象形黄蜡石"玉兔迎春"，当时是瞒着妻子用了一个月的打工钱买来的。从此，叶志军走上了十年如一日的瓯江石收藏之路。十多年来，他已收集各类瓯江玉石、观赏石近两千余件，其中大部分为丽水地区的瓯江玉石，藏品涵盖门类齐全，有玉石原石、观赏石、象形石、文字石、图案

石等，其中大部出自郑继、林邵川、林霖、张焕学、林镇等玉石雕刻名家之手。他所收藏的"蚌仙"作品，质地细腻，通体润泽，构思巧妙，人物形象生动，堪称极品，在2010中国第六届国际文化产业博览会交易会上获得"中国工艺美术文化创意奖金奖"。他所收藏的"松鹤献寿"，色彩丰富，均匀一体，清淡高雅，在第十届中国国家级工艺美术大师精品博览会中，经评审委员会评审，获得"中国工艺美术银奖"。其他收藏佳作有的如百花盛开，千姿百态；有的如雪山初融，瀑流飞挂……石头纹路细腻流畅，线条曲折多变，妙趣天成，生动传神。

好的东西要有好的归宿，

美的东西要让广大民众欣赏，为了使收藏的藏品能够真正体现社会价值，叶志军同志组织编写了该书，并将其所藏瓯江玉石精品对外展示。

4

千年灵芝　　10×7×12cm

灵芝乃古木精气所生，古今皆为瑞草，千年灵芝更被世人视为仙药，服食可飞升成仙。然千百年来，世人寻遍奇峰叠嶂、茫茫林海，亦如大海捞针、水中捞月般，难觅其一，芳踪渺茫。但此刻，它就在你的面前……

瓯江玉石

原石　36×12×21cm

原石　25×12×21cm

寻梅　9×3.8×12cm

瓯江玉石

原石　23 × 36 × 18cm

景宁畲族女　5 × 11 × 6cm

景宁畲族女　10 × 9 × 6cm

印章　5×13×4cm

松下抚琴 7×2.6×13.5cm

松风吹解带，山月照弹琴。一棵古松和松下的高士，作者匠心独具、技法娴熟，构图方式奇特。枝干和松针雕法精致，高士席地而坐，琴置膝间，高谈阔论，表现出一种远离尘俗、安然恬静的心境，形象逼真，神态自若。

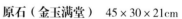

原石（金玉满堂） 45×30×21cm

荷塘生趣　　11.5×8×2cm

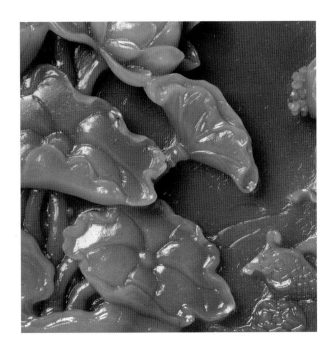

原石　8×15×9cm

荷花仙子　　10×8.5×4cm

夏娃的诱惑　7×6.5×5cm

招财兔　7.5×9×4.5cm

知足常乐　　18×8×3.8cm

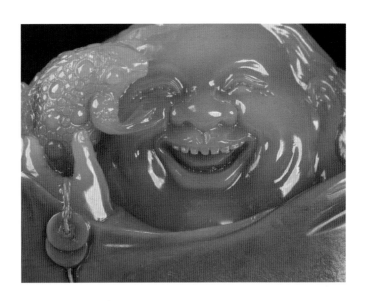

刘海戏金蟾　　$10 \times 10 \times 11$cm

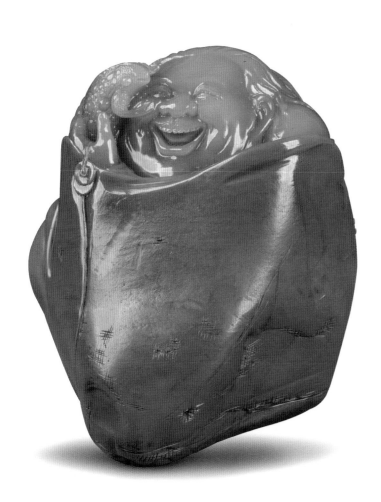

荷花仙子　　9×7×3cm

原石　　19×14×11m

王樵踏鹤 6×9×3.8cm

王樵在烂柯山食得弈者赐予的桃子后，尝遍时间、自然、历史、现实、未来浓缩了生活的全部滋味，脱胎而成真人。回眸身后已腐朽的斧柯，一弈八百年，仍然是一盘没有结果的棋局，高唱经歌，召唤仙鹤，飞升而去。

静夜听涛　13×10×6cm

处州万象　15×15×6 cm

挖耳罗汉　11×13×5cm

挖耳罗汉（那迦犀那尊者）住在印度半度坡山上，是一位论师，因论《耳根》而名闻印度。所谓六根清净，耳根清净是其中之一。佛教中除不听各种淫邪声音之外，更不可听别人的秘密。因他论耳根最到家，故取挖耳之形，以示耳根清净。

坐鹿罗汉　13×13×6cm

坐鹿罗汉（宾度罗跋罗堕阇尊者）原为印度优陀延王的大臣，权倾一国，后出家为僧，遁入深山修行。后骑鹿而来，度化优陀延王出家。结果国王就让位太子，随他出家做和尚。

伏虎罗汉 12×13×7cm

传说伏虎尊者所住的寺庙外，经常有猛虎因肚子饿长哮，伏虎尊者把自己的饭食分给这只老虎，时间一长了猛虎就被他降服了，常和他一起玩耍，故又称他为伏虎罗汉（君屠钵叹尊者）

 陇江玉石

童子献宝　　9×5.5×3cm

花仙子　　12×10×7cm

丝绸之路   13 × 12 × 10cm

那驮着彩绸的一峰峰骆驼，高鼻凹眼窝的西域商人，精神饱满，栩栩如生。作品由骆驼、马匹及波斯向导、中国商人组成。作者善用刀笔，雕刻细腻，但透过温润的作品却仿佛看到满天黄沙，千里漫卷。这个角度上又显得气势宏伟、粗犷浑厚。

陬

江

玉

石

25

母爱　　9×11.8×6cm

五鼠运财　　11×4×5cm

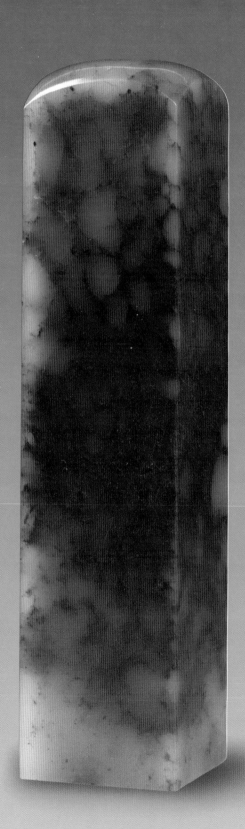

印章　13.5×3×3cm

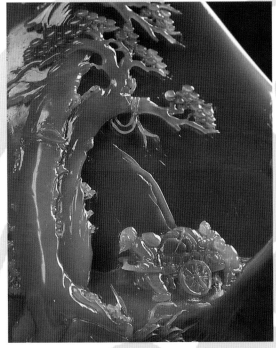

满载而归　11×15×7cm

花开富贵　10×12×8cm

　　细看此件藏品，不得不叹服作者技艺的精湛，从花朵到花瓣的脉络，树叶的纹理，无不雕刻的栩栩如生，有一种"和谐太平日，硕果丰收年"的意蕴。远观之，整件藏品落落大方，布局合理，极富艺术性，真可谓是得天独厚之精品。

富贵人生　　16×3.8×15cm

满载而归 15×3×8cm

母子情 11×5×6cm

螳螂捕蝉　13.5×6×10cm

园中有树，其上有蝉，蝉高居悲鸣，饮露，不知螳螂在其后也；螳螂委身曲附，欲取蝉，而不知黄雀在其傍也；黄雀延颈，欲啄螳螂，而不知弹丸在其下也。此三者皆务欲得其前利，而不顾其后之有患也。作品谐趣异常，值得玩味。

衣锦还乡　13×17×6cm

游子吟　18×15×3.8cm

　　昏黄的烛光下，一位慈祥的母亲手握银针，神情专注地为即将远行的儿子连夜挑灯缝补，穿针引线间无不透露着母亲对儿子的一片深笃之情。没有言语，也没有眼泪，然而纯朴的母爱却从这极其普通的场景中喷薄而出，撩拨心弦，催人泪下。

孔雀舞　23×11×3.8cm

笑佛　　11×12×7cm

百年好合　　12×11×6cm

纯朴　7×7×3.8cm

阪江玉石

钟道   5×9×3.8cm

寿星　21×18×11cm

　　笑意盈盈、鹤发童颜的老寿星，喜乐开怀，长长的眉毛和胡须线条细腻流畅，工艺一丝不苟。寿星手抱寿桃，祈祷祝寿，诵唱吉祥，整体雕刻生动吉祥，寓意极好。

陇江玉石

冰与火

闲　　6×7.8×3.8cm

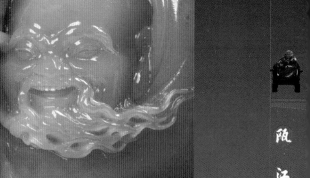

仁者寿　　10×8×5cm

渔归　7×8.8×3.8cm

大肚弥勒　　7×6×5cm

　　瓯江玉石，质地润泽。作品雕琢慈眉善目、笑口常开的佛像，构思巧妙，匠心独运。整件作品线条勾勒兼工带写，表现的主题既端庄大气又玲珑可爱。

瓯江玉石

寿星　5×11×6cm

烟斗（瓯江玛瑙）　7cm（直径）

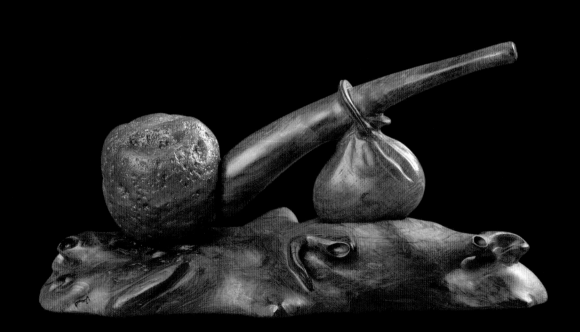

丽水知了　17×8×3.8cm

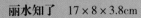

园中知了，朝饮甘露，暮咽高枝，微不足道，"日暮野风生，林蝉候节鸣。地幽吟不断，叶动噪群惊。"它期待的是一鸣惊人。

对弈　10×10×12cm

骑象罗汉　15×4×8cm

　　骑象罗汉（迦理迦尊者）梵文中迦理迦即骑象人之意。象是佛法的象征，比喻象的威力大，能耐劳又能致远。迦理迦本是一位驯象师，出家修行而成正果，故名骑象罗汉。

长眉罗汉 14×8×5cm

长眉罗汉（阿氏多尊者）相传生下来就有两条长长的白眉毛。其前世是一位修行到老的和尚，眉毛都脱落了，脱剃两条长眉毛，仍然修不成正果。后来他的父亲将他送入佛门，终於修成罗汉果。

看门罗汉 8×18×6cm

看门罗汉（注茶半托迦尊者）是佛祖释迦牟尼亲信弟子之一，他到各地去化缘，有一次因人家的房子腐朽，他不慎把它打烂。后来，佛祖赐给他一根锡杖，告诉他以后去化缘，不用打门，用这锡杖在人家门上摇动，有缘的人，自会开门，如不开门，就是没缘的人，改到别家去。

观音　18×7×3.8cm

50

妹娃子过河　14×9×3cm

一统江山　11×13×3.8cm

玉兔　8×2×6cm

眼镜王蛇　10×12×9cm

见钱眼开　11×8×5cm

罗汉　9.8×7×7cm

夏趣　　18×7×5cm

瓯
江
玉
石

福禄寿　9×8×4cm

母子情深　18×6×3.8cm

五花肉　14×8×5cm

老寿星　11×8×4cm

荷花仙子　11×12×5cm

陇江玉石

石　13.8×8×6cm

花房姑娘　11×27×4.5cm

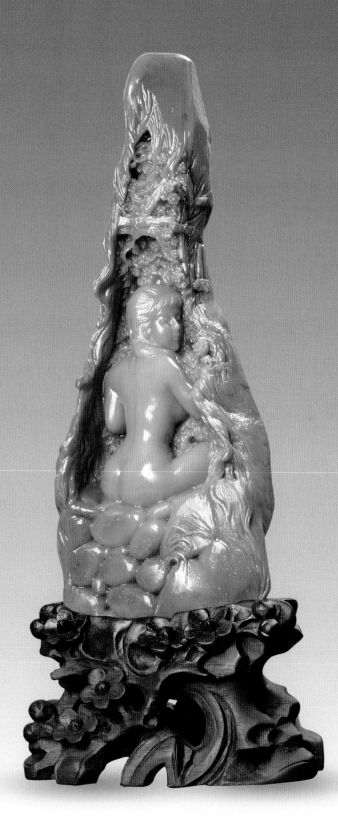

分享　9×6×3cm

阮江玉石

荷花仙子　11×11×5.5cm

神龙戏珠　13×12×7cm

　　龙乃华族图腾，千百年来为帝王将相、士农工商所崇拜。此
作品龙身麟纹清晰、龙爪健劲有力，刻工精美，美轮美奂。

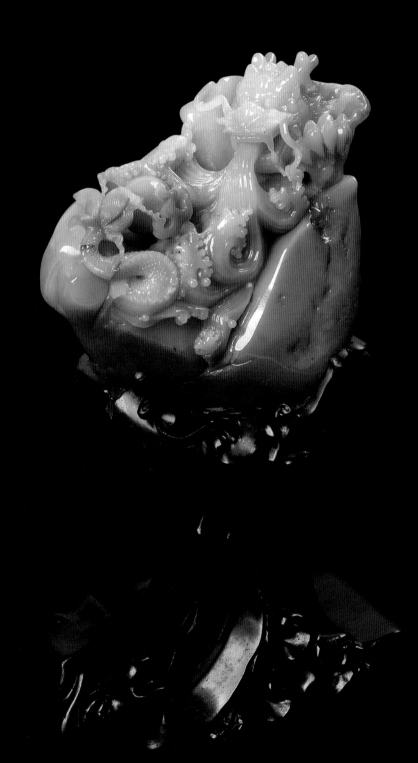

喜上眉梢　10×15×10cm

花篮　13.8×15×10cm

持宝弥勒　　7×9×8cm

　　弥勒佛手持元宝，身上挂满元宝，具财富多多的美好寓意，示以
芸芸众生，当珍爱财富，保持身心欢愉，珍惜美好生活。

一鸣惊人　16×8×9cm

　　它静处园中，终日同鲜瓜美蔬为伴，朝饮甘露，暮宿瓜果。工艺中以知了为题材，大抵意指蛰伏于山野园林之中，期待那一展喉啼的机遇。

欢喜罗汉　10×15×6cm

　　欢喜罗汉（迦诺迦代蹉尊者）是古印度论师之一，善于谈论佛学。他在演说及辩论时，常带笑容，又因论喜庆而名闻遐迩，故名喜庆罗汉，或欢喜罗汉。

静坐罗汉　11×13×6cm

静坐罗汉（诺距罗尊者）是一位大力罗汉，原为一位战士，力大无比，后出家为僧，静坐修行，放弃从前当战士时那种打打杀杀的观念，终修成正果。

笑狮罗汉　12×12×6cm

笑狮罗汉（伐阇罗弗多罗）身体魁梧健壮，仪容庄严凛然。据说，由于他往生从不杀生，广绩善缘，故此一生无病无痛，而且有五种不死的福力。他经常将小狮子带在身边，所以世人称他为"笑狮罗汉"。

龙鱼　11×6.5×3cm

原石　25×13.8×7cm

凤吐祥瑞　　10×11×10cm

百态 人生

阪 江 玉 石

花开富贵　　6×12×3.8cm

高瞻远瞩　9×11×5cm

樵归　11×10×3.8cm

弥勒　10×6×5cm

锦绣春江 13.8 × 13.8 × 3cm

　　春风松柏、日照春江、空山境灵，临水亭上，高贤雅士对座阔谈，一派娴适雅致情调，令观者不禁联想到唐诗宋词之至美意境。

原石 17×13×5cm

寿星　13×8×3.8cm

陬江玉石

指日高升　　9×9×2cm

满载而归　　12×12×6cm

仙山聚贤　25×22×12cm

　　仙乐袅袅，灵鹤盘空，仙童指路，群仙毕
至。作品取材古朴，塑形功力独到，将众多人
物巧妙置于统一整体中，一幅热闹非凡而又清
雅异常的仙山聚贤图喷薄而出。

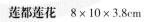

莲都莲花　8×10×3.8cm

牧春图 　7×9×2cm

　　瓯江玉石石质古朴，性温润，用上好籽料雕琢牧春之图。牛背之上短笛牧童，神态专注，动作逼真自然，巧用瓯江石之乌鸦皮雕琢成岩石、树枝、牛背、飞鸟，刀法拙朴简练，线条流畅自然。

瓯

江

玉

石

夕阳暮归　　6×12×4.5cm

长老　6×8×6cm

数代富贵   5×5×3cm

原石　18×17×7cm

画龙点睛　　6×11×6cm

　　一边是云霞璀璨，紫气升腾，一条赤龙摇头摆尾，几欲腾空飞起；另一边张僧繇娴适挥毫，笔尖落处，霎时紫晶光电、飞石走马，巨龙飞升而去。雕者巧用石皮、石色，亦是玉石雕者中之"画龙点睛"者。

兰　　7×12.5×3cm

仕女　7×12×3cm

原石　13.8×16×5cm

坐看风云起　　12×13×3.8cm

风雨夜归人　　13.8×13.8×5cm

　　雕者采用传统中国画技巧，将作品左右两旁大面积留白，仅浅雕饰之以辽远屋宇、寂寞山梯、摇曳树木，寥寥数笔，顿使画面鲜活如真，极具立体感。将一幅传统的风雨夜归人雕作，表现得淋漓尽致，令人拍案叫绝。

问天　10×13×6cm

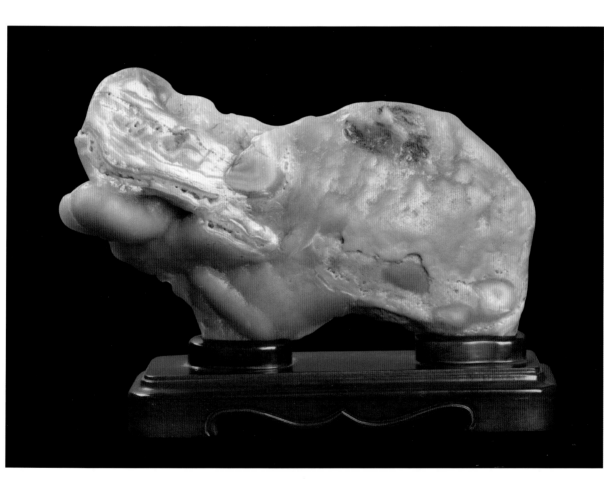

犀牛（瓯江观赏石）　　21×13×3cm

牧鹅　　12×13.5×5cm

雕者取材于"书圣"王羲之牧鹅之典故：王羲之临河而坐，洒喂河中欢腾之白鹅，书童侍立一旁，手抱大鹅。近观此作品，可得书法先贤酷爱养鹅之癖好，远望此作品，人、鹅和谐相处，发人一笑。

闹春　7×17×3cm

渔翁　9×15×3.8cm

和谐　11×5×12cm

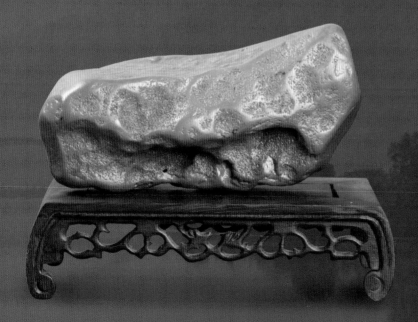

升官发财　17×8×6cm

菊韵　6.8×10×2.8cm

　　"秋来维为韵华主，总领群芳是菊花。""满园花菊郁金黄，中有孤丛色似霜。"自古以来，世人皆都喜菊之高洁，透其色、香、姿、韵，而细品其味，或借菊喻事、喻物、喻人而言志，明其志。

印章（螭）　　6.8×7×3.8cm

老鼠爱大米　12×3.5×5.8cm

陇江玉石

阿芙洛狄忒　11×7×5cm

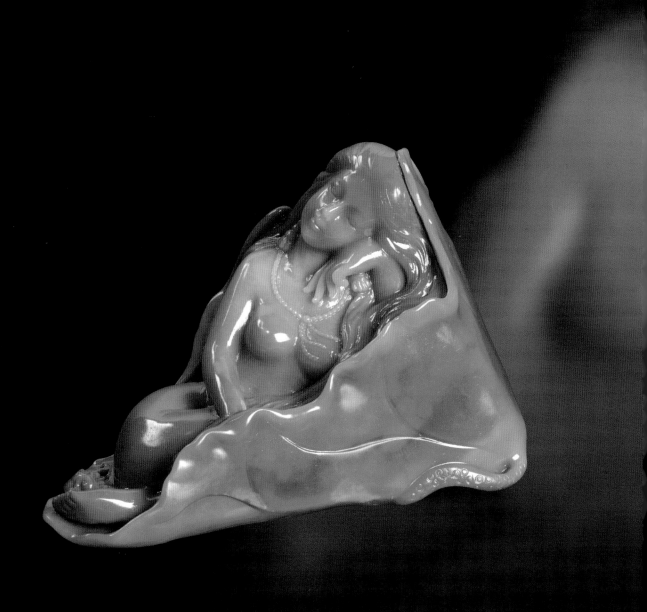

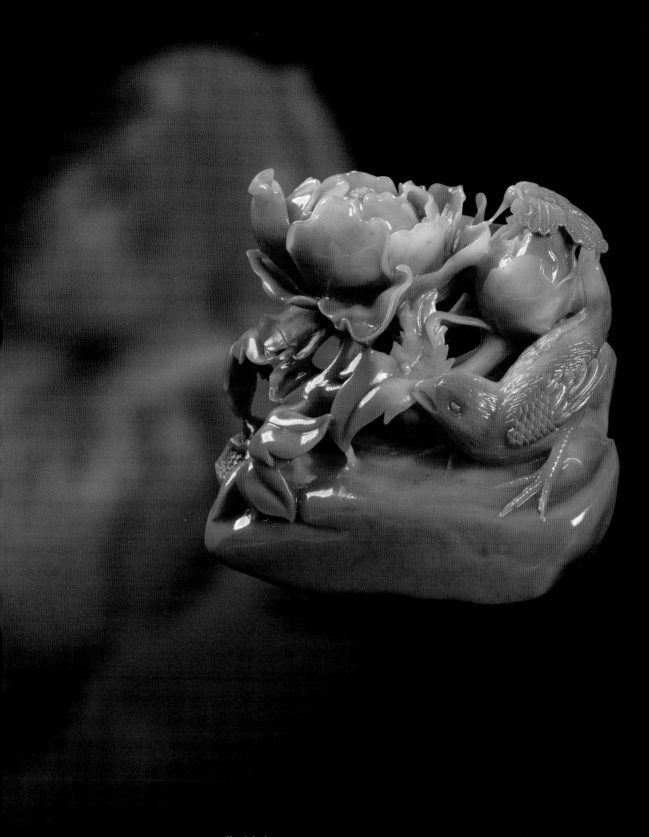

花开富贵　　10 × 8 × 7.8cm

此雕件玉质圆润、细腻洁净，利用黄、白俏色雕琢盛开的牡丹花，雍容华贵、富丽端庄。另有一啼鸣雀儿，线条流畅，刻画生动。"春来谁作韶华主，总领群芳是牡丹。"取其意国色天香，寓意吉祥。

举钵罗汉　16×8×5cm

举钵罗汉（诺迦跋哩陀尊者）原是一位化
缘和尚。他常高举铁钵向人乞食，成道后，世
人称其为"举钵罗汉"。他藉托钵福利世人，
予众生种植福德，并为他们讲说佛法，以身
教、言教度化众生。

沉思罗汉　13×13×5cm

沉思罗汉（罗怙罗尊者）是佛祖十
大弟子之一。他沉思瞑想，在沉思中悟
通一切趋凡脱俗。在沉思中能知人所不
知，在行功时能行人所不能行。

降龙罗汉 13×17×8cm

　　传说古印度有龙王用洪水淹那竭国，将佛
经藏于龙宫。后来降龙罗汉（迦叶尊者）降服
了龙王取回佛经，立了大功，修成罗汉之果。

瓯江玉石

出浴　8×11×5cm

观音大士　8×8×3.8cm

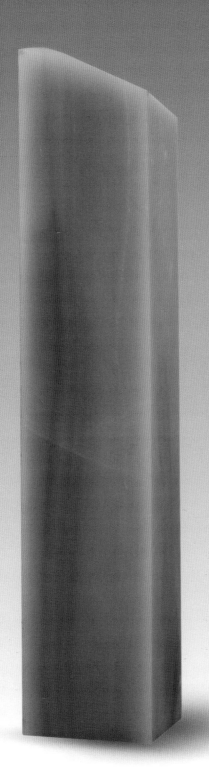

方章　3.5×15×3.5cm

麒麟献瑞 10×11×3cm

　　圆雕加透琢技法，双角麒麟，侧转身，口吐宝册，清气飞腾，姿态神武，神色威严，寓意吉祥升迁。《礼记》将"麟、凤、龟、龙"谓之"四灵"，而麟为"四灵之首，百兽之先。"故自古以来，以麒麟为题材的工艺品极多。

祖孙乐　8×11×7cm

牧趣　13×11×7cm

阪江玉石

罗汉　8×10×6cm

达摩　10×12×6cm

童子　8×6×5cm

原石籽料

女娲补天　9×22×5cm

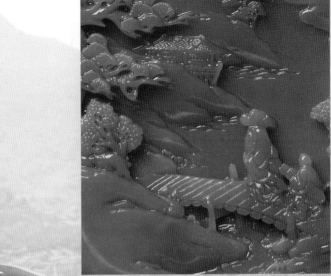

一路连科　11×11×6cm

布袋弥勒　10×12×8cm

一路连科　15×25×3cm

雄鸡一唱天下白　　10×19×5cm

原石　19 × 10 × 10cm

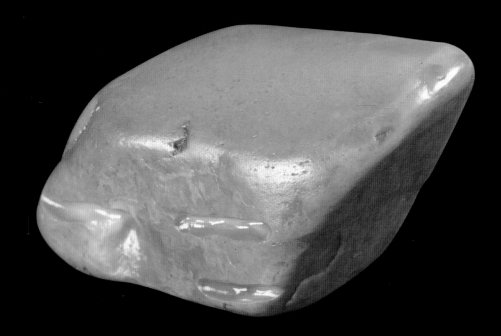

原石　21 × 10 × 6cm

寿桃　25×15×28cm

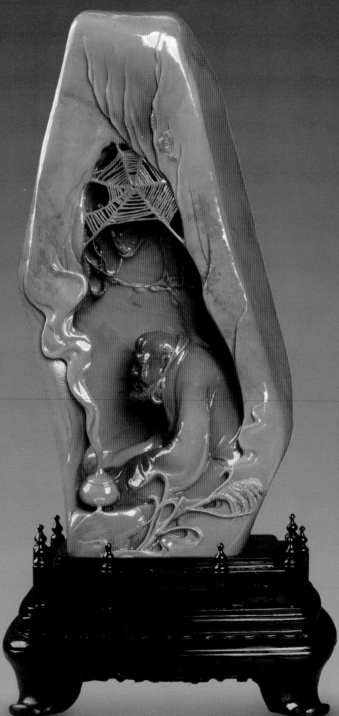

禅　21×11×8cm

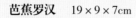
芭蕉罗汉　19×9×7cm

　　芭蕉罗汉（伐那婆斯尊者）相传他出生时，雨下得正大，芭蕉树
正被大雨打得沙沙作响，他的父亲因此为他取名为雨。他出家后修成
罗汉果，又相传他喜在芭蕉下修行，故名芭蕉罗汉。

布袋罗汉 10×15×6cm

布袋罗汉（因揭陀尊者）相传是印度一位捉蛇人，他捉蛇是为了方便行人免被蛇咬。他捉蛇后拔去其毒牙而放生于深山，因发善心而修成正果。他的布袋原是载蛇的袋。

探手罗汉 11×13×5cm

探手罗汉（半托迦尊者）相传是药叉神半遮罗之子。他被称为探手罗汉，因他打坐时常用半迦坐法，此法是将一腿架于另一腿上，即单盘膝法，打坐完毕即将双手举起，长呼一口气。

龙凤呈祥　4×5×1cm

灵鹤献宝　15×8×3.8cm

还乡　19×15×3cm

瓯江玉石

滴水观音　7×15×3.8cm

仕女　5×23×5cm

童子献宝　8×6×3cm

瓯江精腊　16×22×8cm

蝶恋花 6×17×2cm

　　雕件以蝴蝶、荷花组合构图。 蝴蝶被人视为美好吉祥的象征。从此意义上讲，恋花的蝴蝶，则寓意甜美的爱情和美满的婚姻。圆雕技法佐以大胆取材，一气呵成，圆融完美。

江上渔者　11×10×4.8cm

瓯江玛瑙　　15 × 13 × 9cm

瓯江玉石把件

开心罗汉 12×12×6cm

开心罗汉（戍博迦尊者）是中天兰国王之太子。后来他的弟弟犯上作乱，他立即对弟弟说："你来做皇帝，我去出家。"他的弟弟不信，他说："我的心中只有佛，你不信，看看吧！"说完他打开衣服，弟弟看见他的心中果然有一佛，因此才相信他，不再作乱。

托塔罗汉　　11×12×5cm

托塔罗汉（苏频陀尊者）名苏频陀，是佛祖释迦牟尼所收的最后的一位
弟子。他修到五神通，又修得非非想及非想定。他为了纪念师傅，特地把塔
随身携带，作为佛祖常在之意。

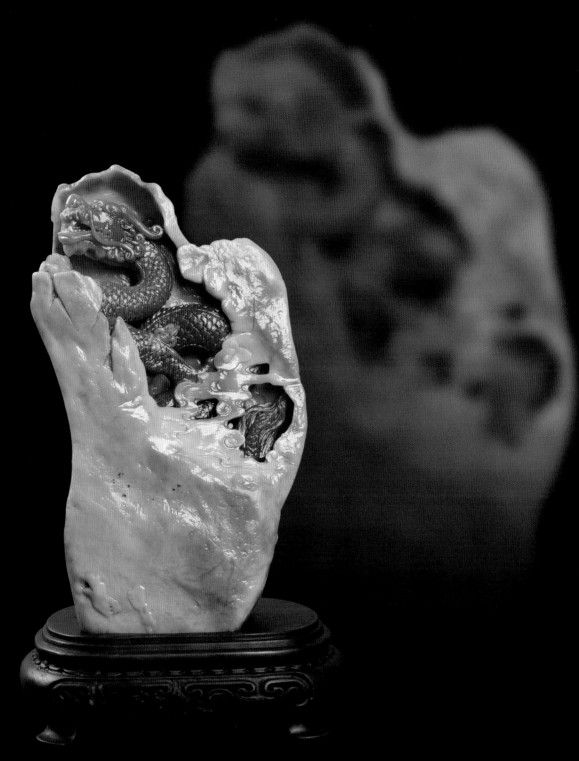

蓄势待发　　10×18×8cm

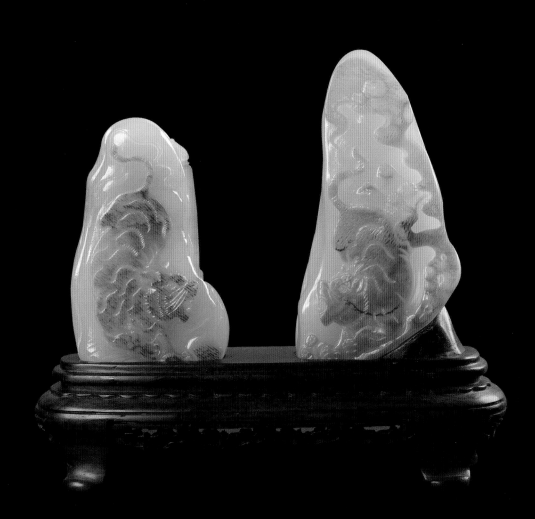

猛虎下山

渔归 23×12×7cm

阪江玉石